LA CLEF
DES
OMNIBUS
OU
TOUT PARIS EN OMNIBUS

NOUVEAUX PARCOURS

[illegible] par ordre alphabétique des rues parcourues et traversées par les Omnibus

MODIFICATIONS

AU SERVICE

DES OMNIBUS

LIBRAIRIE [illegible]

PRÉFACE

Le succès de notre petit Livret *Tout Paris en omnibus* nous a donné l'idée d'ajouter à notre nouvelle édition la nomenclature alphabétique des rues, quais et boulevards parcourus *et traversés* par les omnibus.

Grâce à cette nouvelle combinaison vous pourrez, sans perte de temps et de vous-même, vous diriger sur tous les points en cherchant dans notre liste la rue où vous pouvez avoir à faire.

Exemple. — Voulez-vous aller rue *Vivienne*, cherchez dans notre nomenclature *Vivienne*, vous trouverez, lignes les parcourant, AB, I et V, et, lignes les traversant, E, F., ce qui signifie pour vous que les omnibus AB, I et V passent rue Vivienne, et que les lignes E, F, conduisent tout près de là.

RENSEIGNEMENTS

Les omnibus circulent dans Paris de 8 heures du matin à 11 heures du soir. Le prix des places est de 30 c. dans l'intérieur et de 15 c. sur l'impériale. Les places d'intérieur donnent droit à la correspondance, qui doit être réclamée au conducteur.

Les enfants au-dessus de quatre ans payent place entière.

Les omnibus appartenant tous, aujourd'hui, à la même administration, desservent 31 lignes correspondant aux différentes lettres de l'alphabet. Leur itinéraire est tracé d'avance. Il vous suffira donc de chercher dans notre nomenclature alphabétique la rue où vous allez pour connaître à l'instant même la voiture que vous devez prendre.

Dans l'intérêt des étrangers, nous avons compris dans notre liste alphabétique les monuments, musées, ministères, théâtres, boulevards et chemins de fer.

AVIS. — Les bureaux où s'opèrent les correspondances sont indiqués dans l'itinéraire des omnibus au moyen de lettres noires et majuscules.

ITINÉRAIRE DES VOITURES

A D'Anteuil au Palais-Royal, 3 lanternes rouges.
AB De Passy à la place de la Bourse, 2 lant. vertes, 1 rouge.
AC De la Petite-Villette aux Champs-Élysées, 1 lant. v. 2 r.
AD Du Château-d'Eau au pont de l'Alma, 2 lant. v. 1 r.
AE De Vincennes aux Arts-et-Métiers, 2 lant. vertes, 1 rouge.
AF De la Glacière à la place Laborde, 3 lanternes rouges.
AG De Montrouge au chemin de fer de l'Est, 3 lant. rouges.
B De Chaillot à Saint-Laurent, 1 lanterne verte, 2 rouges.
C De Courbevoie au Louvre, 3 lanternes rouges.
D Des Ternes aux boulev. des Filles-du-Calvaires, 3 lant. r.
E De la Bastille à la Madeleine, 3 lanternes rouges.
F De la Bastille à Monceaux, 3 lanternes rouges.
G Des Batignolles au Jardin des Plantes, 2 lant. vertes, 1 r.
H De Clichy à l'Odéon, 3 lanternes rouges.
I De Montmartre à la place Maubert, 3 lanternes rouges.
J De la barr. des Martyrs à la barr. Saint-Jacques, 3 lant. r.
K De la Chapelle au Collége de France, 1 lant. vert., 2 rouges.
L De la Villette à Saint-Sulpice, 3 lanternes rouges.
M De Belleville aux Ternes, 1 lanterne blanche, 2 rouges.
N De Belleville à la place des Victoires, 3 lanternes rouges.
O De Ménilmontant à la Chaussée du Maine, 1 lant. bleue, 2 r.
P De Charonne à la Bastille, 3 lanternes rouges.
Q De la place du Trône au Palais-Royal, 3 lanternes rouges.
R De la barr. Charenton à St-Phil.-du-Roule, 1 lant. bleue, 2 r.
S De Bercy au Louvre, 3 lanternes rouges.
T De la Gare d'Ivry à la place Cadet, 3 lanternes rouges
U De la Maison-Blanche à la Pointe-St-Eust., 2 lant. r, 1 v.
V De la barrière du Maine au chemin de fer du Nord, 2 lanternes blanches, 1 rouge.
X De Vaugirard à la place du Havre, 1 lant. bleue, 2 rouges.
Y De Grenelle à la Porte-St-Martin, 1 lant. blanche, 2 roug.
Z De Grenelle à la Bastille, 3 lanternes vertes.
Chemin de fer américain (voie ferrée), du pont de Saint-Cloud au pont de la Concorde.

NOMS

DES RUES, QUAIS, BOULEVARDS, PLACES, PASSAGES ET MONUMENTS

Parcourus et traversés par les diverses lignes d'omnibus.

NOMS DES RUES	LIGNES les parcourant	LIGNES les traversant
A		
Abbaye (de l')...........		V.
Abbé de l'Epée (de l',..		AG, J.
Abbeville (d')...........		V.
Aguesseau (d').........	AB, B.	D, R.
Alger (d')..............		A, C, D, R.
Aligre (d')...............		R.
Alma (pont de l').......	AD.	A.
Ambassade ottomane...	Z.	
Amélie..................		Y.
Amsterdam (d').........		B, F, M.
Ancienne-Comédie (de l')		AD, L, Z.
Angoulême-St-H. (d')..		AB, B, C, D, R,
Angoulême-du-T. (d')..		AE, E, O.
Anjou-St-Honoré (d')...	B.	AF, B, D, R.
Anjou-Dauphine (d')....		O.
Antin (avenue d')......		A, B, C.
Antin (rue d').........	G.	F, X.
Arbaléte (de l')........		AF.
Arbre-Sec (de l')........	I, R.	D, Q, S.
Arcade (de l')...........		AF, B, F.
Archevêché (pont de l').	U.	

NOMS DES RUES	LIGNES les parcourant	LIGNES les traversant
Arcole (d')	U.	
Arts et Métiers	AE, AG, L, T, Y.	
Assas		O.
Assomption (de l')......	A.	
Astorg..................		AF.
Aubry-le-Boucher......		AG, K, U.
Aumaire		L, T.
Aumale		H.
Austerlitz (r. et pont)..		AD, Y, Z.
Auteuil	A.	
Aval (d')...............		P.
B		
Babylone (de)..........		X.
Bac (du)................	X, Y.	AD, AF, B, Z.
Bagneux (de)..........		V.
Baillet		I.
Baillif..................		F, I, V.
Banque (de la)..........	F, N, V.	
Banquier (du)..........		U.
Barbette		O.
Barouillère............		X, V.
Barrière-Blanche.......	M.	B, G.
Basfroid		O. P.
Basse-du-Rempart		X.
Basse-Saint-Pierre.....		A, O,
Bastille (place de la)....	AE, EF, P, Q, R, S, Z	Q.
Batignolles.............	M, N.	
Bayard..................		A, C.
Beaubourg		D, F. T.
Beaudoyer		T.

NOMS DES RUES	LIGNES les parcourant	LIGNES les traversant
Beaujolais............		H. X.
Beaune (de)...........		AD, H.
Beautreillis...........		R, S, Z.
Beaux-Arts (des).......	H, V.	
Beauveau (place).......	AB. B, D, R.	
Bellechasse	AD, AF.	Y, Z.
Bellefond..............		V.
Belleville..............	M, N.	
Belzunce (de)...........		V.
Béry-Delessert.........	A.	AB.
Bercy (de)..............	S.	
Bergère................	V.	I, J.
Berlin (de)..............		G.
Bernadins (des).........		G, U, Z.
Bichat..................		N.
Bièvre (de)		G, Z.
Billettes (des)..........		T.
Biron		J, L, Z.
Blanche		B, G, M.
Blancs-Manteaux (des)..		AD, O, T.
Bleue	AC, B, T, V.	I.
Bonaparte..............	O, V, Z.	AD, AF, H.
Bondy (de)..............	N.	E.
Bons-Enfants (des)		D, I, R, Y.
Bois-de-Boulogne	A, AB, C.	
Boucher................		I, S.
Boucherie (de la).......		AD, Y.
Boudreau		X.
Boulainvilliers	A.	
Boulangers (des).......		G, U.
Boulets (des)...........		AE,

NOMS DES RUES	LIGNES les parcourant	LIGNES les traversant
BOULEVARDS :		
Alma....................		AD, Y, Z.
Beaujon................	AB.	D.
Beaumarchais..........	AE, E.	F, P, R, S.
Belleville (de)..........	M.	N.
Bonne-Nouvelle........	E. Y.	K, N, T.
Bourdon................		AE, Q, R.
Capucines (des)........	AB, E, F.	AC, G, X.
Chartres (de)...........	M.	
Chopinette (de la)......	M.	
Clichy (de).............	M.	H.
Combat (ex) (du)........	M.	
Courcelles (ex) (de).....	M.	
Enfer...................		AG.
Etoile..................	M.	D.
Extérieurs..............	M.	
Filles-du-Calvaire......	AE, E, D.	O.
Fontarabie..............	P.	
Gobelins................		U.
Hôpital.................		T, U.
Invalides...............		X, Z.
Italiens................	AB, E, H.	AC, G, H.
Madeleine..............	AB, D, E, F.	AF, X.
Martyrs (ex)............	M.	J.
Mazas..................	S.	R.
Monceaux..............	M.	AB, C, D.
Montmartre............	E, I, V.	H, J.
Mont-Parnasse.........	O.	AG, V, X.
Nord...................		AC, AG, B, L, N, V.
Pantin..................	M.	

NOMS DES RUES	LIGNES les parcourant	LIGNES les traversant
Poissonnière	E, Y.	I. J. V.
Prince-Eugène		N. O, P, Q.
Rochechouart (ex)	M.	C.
Sébastopol r. d. (de)	AE, AG, U.	AD, EF, N, T, Y.
Sébastopol r. g. (de)	AD, AG. J, K, Z.	AF, G, I, OQ, R, S.
Strasbourg	AG, B.	E, N, T, Y.
Saint-Denis	E, T.	AG, K.
Saint-Germain	Z.	AG, J, K.
Saint-Jacques		AG.
Saint-Martin	AE, E.	AD, N, T, Y.
Temple	AD, AE, D, E, N.	AD, O.
Tour-Maubourg		Z.
Vertus	M,	
Villette	M.	
B		
Bouloi (du)		F, I, V.
Bourbon-Villeneuve	N.	J, K.
Bourdaloue	H.	
Bourdonnais (r. des)		AD, G, J, Q, R, S.
Bourgogne (de)	AF, Y.	AD, Z.
Bourguignons (des)		AF.
Bourse (place de la)	AB, AF, H, J, V.	
Bourse (r. de la)		AB, H, I, V.
Bourtibourg		R, S, T.
Braque (de)		AD.
Breda (de)		H.
Bretagne (de)	D.	AD, G, N, O.
Bruxelles (de)		G.
Bruyère (de la)		H.
Buffault		B, J.

NOMS DES RUES	LIGNES les parcourant	LIGNES les traversant
Buffon..................		T, U.
Buci (de)..............	AD, L.	O.
Butte-Chaumont (de la).		AC, L, M.
C		
Cabinet-d'Anatomie....	Z.	
Cadet..................	B, I, T.	AC, J.
Caire (pass. du)........	N.	
Caire (du)..............	N.	K.
Calandre (de la)........		AG, G, J, K, L.
Canal St-Martin........		L.
Canettes...............		AF, H, L, O.
Capucins (des).........		J.
Capucines (des),........		AC.
Cardinal-le-Moine.......	U.	G, Z.
Carmes (des)...........		K.
Carrousel (pl. du).......	H, X, Y.	
Casimir-Perrier........		AD, AF.
Cassette...............		AF, H, O.
Castellane..............		B, F.
Castex.................	I.	Q, R, S, Z.
Castiglione............		A, AC, C, D, R.
Catinat................	F, N.	
Caumartin.............	X.	AB, B, E, F.
Censier................		U.
Cerisaie (de la).........		Q.
Chabrol (de)...........		AC, K, V.
Chaillot (de)...........	B.	C.
Chaise (de la)..........		AF, V, Z.
Champs-de-Mars.......	AD, Y, Z.	
Champs-Elysées (a. des)	A, AB, AC, B, C, R	AF.

NOMS DES RUES	LIGNES les parcourant	LIGNES les traversant
Champs-Elysées (rue des)	B.	A, AB, C, D, R.
Chant-de-l'Allouette (r. du)		AF.
Chapelle (de la)	K.	AC, L, M.
Chapon		AD, L, T.
Charbonniers (des)		R.
Charenton (de)	R.	AE, Q.
Charlemagne		Z.
Charlot		AE, D, E.
Charonne (de)	P.	Q.
Château-d'Eau (r. du)	AE, AD, F, N.	AG, K, L, T.
Château-Landon (de)		AC, L, M.
Châtelet (pl. du)	AD, AG, G, J, K, O, R, S.	
Chauchat		AC.
Chaudron (du)		L.
Chaume (du)		F.
Chaussée-d'Antin (de la)	AC, G.	AB, B, E.
Id. des-Minimes (de la)		F.
Chauveau-Lagarde	B.	AF.
Chemin-Vert (du)		AE, E.
Cherche-Midi (du)	V.	AF.
Choiseul (r. de)		AB, E, F.
Christine		AD, O.
Cirque-Napoléon	AE, E, D, O.	
Cirque (r. du)		AB, B, C, D, R.
Cité (de la)	G, L.	I, J.
Cléry (de)		E, J, Y.
Clichy (av. de)	H.	
Clichy (de)	G.	B, M.
Clignancourt (r. de)	I.	M.

NOMS DES RUES	LIGNES les parcourant	LIGNES les traversant
Cluny (de).............		AF.
Cochin................		AF.
Colbert................		H, I, Z.
Collége-de-France......	K.	
Colombe (de la.)........		U.
Colisée (du)............		AB, B, C, D, R.
Commerce (av. du).....	Y.	
Comète (de la)..........		Y.
Concorde (pl. de la).....	A, AB, AC, AF, R, C, R.	R, X.
Condé (de).............		H, O.
Conservat.-de-musique.	V.	
Constantine (de).......		AG, G, K, L.
Constantinople (de)....		F, M.
Contrescarpe (de la)....		Q, R, S.
Coq-Héron		F.
Coquillère..............	F.	I, V, Y.
Corderie (de la).........		G.
Corps-Législatif........	AC, AF.	
Courbevoie.............	C.	
Cours-la-Reine	A, AC, AF. Voie ferrée.	AF.
Coutellerie (de la)......		R, S.
Cotte (de)..............		AE, Q.
Croissant (du)..........		J, Y.
Croix (de la)		D, M.
Croix-d.-Petits-Champs	F, I, N, V.	D, R, Y.
Croix-Rouge (de la)....	Z.	AF, H.
Croulebarbe............		U.
Crussol (de)............		AE, E.
Culture-Ste-Catherine.		F, K, S, Z.
Cuvier.................	G.	T, U.

NOMS DES RUES	LIGNES les parcourant	LIGNES les traversant
D		
Dames (des) (Batign.)...	G.	K.
Damiette..............		Q.
Dauphin (du)..........		A, C, D, G, R.
Dauphine (pl.)..........	AD, I, O, V.	
Dauphine (r.)..........	AD, O.	I, V.
Déchargeurs (des)......		G, R, S.
Delta (du)..............		I.
Denain (de)............	AC, V.	
Deux-Ecus (des).......		Y.
Deux-Ponts (des).......	T, Z.	
Deux-Portes-St-Jean(des	T.	O, R, S.
Divis.-gén.-des-Postes.	Y.	I.
Douane (de)...........		N.
Dragon (du)...........	H, V.	Z.
Drouot................		AB, AC, E.
Dunkerque (de).........	AC, K, V.	I.
Duphot................	D.	AB, AC, E, F.
Dupleix...............		Y.
Duras (de)............		AB, B, D, R.
E		
Echelle (de l').........		A, C, D, G, R.
Echiquier (de l')........		K, T, V.
Ecluses-St-Martin (des)		L.
Ecole (de l')............	X.	
Ecole-de-Médecine (de l')	Z.	AF, AG, K, L, O.
Ecole-d'Etat-Major.....	AD.	
Ecole-Militaire.........	Y. Z.	

NOMS DES RUES	LIGNES les parcourant	LIGNES les traversant
Ecole-Politechnique	A. G	
Ecoles (r. des)..........	K.	AG, J.
Ecuries-d'Artois........		D.
Eglise (de l')	Y.	Z.
Egout (de l')............		Z.
Enfer (d')...............	G.	AF.
Enghien (d')...........		K, T V.
Entrepôt (de l').........		N.
Eperon (de l')		L.
Estrapade (pl. de l')....	F.	
Estrées (d')		Z.
Etoile (pl. de l').........	AB, C, M.	
Exposition des produits de l'Algérie..........	AC, AF. A.	
F		
Favart		AB, E.
Feydeau		AB, H, I, J, V, Y.
Fer-à-Moulin (du)......	U.	G.
Ferme-des-Mathurins (de la)................	F.	B, D, E, X.
Feronnerie (de la)......		K, U.
Feuillade (de la)........	I, V.	
Fers (aux)..............		U.
Feuillantines (des).....	F.	J.
Fidélité (de la).........		AG, K, L.
Filles-du-Calvaire (des).	D, O.	AE, E.
Filles-St-Thomas (des)..	F.	H, I, V.
Flandre (r. de) (Villette)	L.	M.
Folie-Méricourt.........		N. O.

NOMS DES RUES	LIGNES les parcourant	LIGNES les traversant
Folie-Regnault.........	[illegible]	P.
Fontaine-au-Roi........		N.
Fontaine-Cuvier........	U.	G.
Fontaine-Molière.......		D, G, B, X.
Fontaine-Saint-Georges.	H.	M, J.
Fourrière	Z.	U.
Fossés-Montmartre (des)	N.	F, G, V, Y.
Fossés-du-Temple (des)		N, O.
Fossés-St-Bernard (des)		G, T.
Fossés-St-Marcel (des).		U.
Fossés-St-Victor (des).		G, U.
Fossé-Fouarre (du).....		Z.
Fourey (de)............	Z.	R, S.
Four-St-Germain (du)..	Z.	AF, H, L, V.
Four-St-Honoré (du)...		D, F.
Française..............		D.
Francs-Bourgeois (des).	F.	O.
Fulton.................		T, U.

G

Gaillon (de)...........		F, X.
Gaîté (de la)...........	O.	
Galande................	G.	J.
Garancière.............		AF.
Gare (de la)...........	T.	
Gare de l'Est..........	AG, B, L.	
Gare d'Ivry............	T.	
Gare de Lyon...........	S.	
Gare de Mulhouse.......	B.	
Gare du Nord...........	AC, K. V	
Gare d'Orléans,........	T.	

NOMS DES RUES	LIGNES les parcourant	LIGNES les traversant
Gare de l'Ouest (r. d.)..	B, F, X.	
Gare de l'Ouest (r g.)..	O, V.	
Gare de Vincennes.....	AE, E, P, Q, R, S.	
Genty................		S.
Geoffroy-Langevin		AD, R, S, T.
Geoffroy-Lasnier.......		T.
Geoffroy-St-Hilaire	U.	
Glacière (barrière de la)	AF.	
Gindre (du)...........		AF.
Gobelins..............	U.	G.
Godot-de-Mauroy		AB, E, F.
Grammont (de).........		AB, E, F, M.
Grande-rue-de-la-Fontaine................	A.	
Grande-rue-de-Passy ..	A.	AB.
Grande-Truanderie (rue de la)................		D, K.
Grands-Augustins (des)		L.
Grands-Degrés (des)...		I, Z.
Grange-aux-Belles		M.
Grange-Batelière.......		I, J, V.
Gravilliers (des)........		AD, L, T.
Grenelle	Y. Z.	
Grenelle-St-Germain(de)	AD, AF, H, V, X, Z.	
Grenelle-St-Honoré (de)	Y.	D, F, I, R, V.
Grenier-St-Lazare		T. L.
Greneta...............	D.	AG, K, L, T.
Grès (des).............		AG.
Guenégaud............		V.

NOMS DES RUES	LIGNES les parcourant	LIGNES les traversant
H		
Halles Centrales.......	D, F, J, K, U.	
Halles-aux-Vins........	G, T, U.	
Hambourg (de).........		G.
Hanovre (de)...........		G.
Harlay (du)............		E.
Harpe (de la)...........		AG, Z.
Hautefeuille............		Z.
Hauteville..............	E	AC, E, T, Y. B. V
Havre (pl. du)..........	B, F, X.	
Hasard (du)............		H, X.
Helder (du).............		AB, E.
Honoré-Chevalier		O.
Hôpital de la Charité...		AD, H, V.
Hospice des Incurables.	X.	
Hospice des Ménages..	X.	
Hospice Necker........	X.	
Hôtel-de-Ville (r. de l').		R, S, T, U, Z.
Hôt.-de-Ville (pont de l')		Q.
Hôtel-de-Ville..........	AD, G, L, O, Q, R, S, T, U.	
Huchette (de la).......		AG, Z.
I		
Iéna (pont d')...........	A.	
Iéna (r. d')..............		AD, Y, Z.
Ile-Saint-Louis.........	T.	Z.
Impératrice (av. de l')..	AB.	A.
Industrie (r. de l')......		L.

NOMS DES RUES	LIGNES les parcourant	LIGNES les traversant
Institut (pont de l').....	H, V.	
Invalides..............	AD, Y, Z.	
Invalides (r. des).......		YZ.
Isly (d')...............		F.
Ivry (gare d')...........	T.	
J		
Jacob..................	AD.	H, V.
Jean-Goujon		A.
Jean-Jacques-Rousseau.	Y.	F, J.
Jardin d'Acclimatation.	C.	
Jardin des Plantes	G, T, U.	
Jeûneurs (des)..........		Y.
Joinville (de)...........		N.
Jocquelet...............		F, J, Y.
Joubert................		G, X.
Jouffroy...............	F.	
Jour (du)...............		F, G.
Jouy (de)...............		R, S, Z.
Jussienne..............		J, Y.
Jussieu (de)............		G, U.
L		
Laborde (place).........	AF.	
Labourdonnaye (av. de)	Z.	Y.
Lacépède (de)		G, U.
Lacuée.................		T.
Lafayette (place)........	AC, V.	K, L.
Laferrière..............		H, J.
Laffitte	H.	AB, AC, D, E.

NOMS DES RUES	LIGNES les parcourant	LIGNES les traversant
Lamartine..............	B.	I, J, T.
Lamotte-Piquet (av. de)	Y, Z.	
Lancry (de)............		AE, E, N, Y.
Larrey (de)............		Z.
La Rochefoucault (de)..		B, H.
Lascases...............		AD, AF.
Laval (des)............		J.
Lavandières-Ste-Opportune (des)............		R, S.
Lavoisier..............	AF.	
Lenoir.................		AE, Q.
Le Peletier............		AB, E.
Lesdignières...........		R.
Lévis (Montmartre).....	F.	M.
Lille (de).............	X, Y.	AF, H.
Limoges (de)...........		D.
Lions-St-Paul (des)....		Q.
Lombards (des).........		AG, K, L, U.
Londres (de)...........		G.
Louis-le-Grand.........	G.	AB, AC, E, F, X.
Louis-Philippe (pont)...	Q, T.	
Lourcine (de)..........		AF.
Louvois (de)...........		H.
Louvre.................	C, I, Q, S, V.	
Louvre (r. du).........	C, R, S.	D, G, I, Q.
Lowendal (av de).......	Z.	
Luxembourg.............	F, AG, H, J, L, O, Z.	
Luxembourg (r. du)....		A, AB, AC, C, D, F, R, X.
Lycées (des)...........	AF.	
Lyon (de)..............	S.	Q, R.

NOMS DES RUES	LIGNES les parcourant	LIGNES les traversant
Michel-le-Comte		D, L.
Monceaux (parc)........	F.	M.
Mondovi...............		R.
Mongallet..............		R.
Monnaie (de la).........	D.	AD, Q, R, S, V.
Monsieur-le-Prince	AF.	AD, AG, Z.
Montagne-Se-Geneviève		K.
Montaigne (av.)........		A, B, C.
Montaigne (r.)..........		AB, R, C, D, R.
Montholon.............	B.	AC, I, V.
Montyon..............		I, J.
Montesquieu		I, V.
Montmartre (cimetière)	H. M.	
Montmartre (r. du faub.)	B, I, J, V.	A, C, E, Y.
Montmartre (rue).......	J, Y.	E, F, N, U, V, Z.
Montmorency (de)......		AD, L, T.
Montorgueil............	D.	F, J, N, U.
Mont-Parnasse.........	O.	
Montpensier		H, X.
Montreuil..............		Q.
Montrouge.............	AG.	
Moreau................		B, S.
Mouffetard............	U.	
Moulin-Joly (du)........		N.
Moulins (r. des)........		X.
Muette (r. de la)........		P.
Musées d'Artillerie.....	X, Y.	
Musées de Cluny......	AG, J, K, Z.	
Musées Dupuytren	Z.	
Musées du Louvre......	A, C, G, H, I, Q, R, V, X.	

NOMS DES RUES	LIGNES les parcourant	LIGNES les traversant
M		
Mabillon		AF, H, L, O, Z.
Madeleine...............	AB, B, E, F.	
Madeleine (r. de la).....		AB, AF, B, D, R.
Madeleine (pl. de la)...	AB, B, E, F.	
Madrid (de)		F.
Mail (du)...............		F, J, V. Y.
Maine (chaussée du)....	O, V.	
Maison-Blanche	U.	
Malar		AD, Y.
Malher..................		R, S, Z.
Mandar		J, Y.
Marais (r. des)........		V.
Manufacture des Tabacs.	AD.	
Marbeuf.................		B, C.
Marcadet................	I.	
Marché-St-Honoré (r. du)	G.	D, X.
Marché-Neuf (r. du)		J, K, L.
Marengo (de)...........		C, D, G, I, Q, R, V, Y.
Marie (pont)	T. Z.	
Marigny (av.).		AB, B, C, D, R.
Mariveaux		E.
Martel		T.
Martignac...............		AD, AF.
Martyrs (barrière des)..	M. J.	M.
Martyrs (r. des)........	J.	B, M.
Mathurins-Saint-Jacques (r. des)...............	J.	K, Z.

NOMS DES RUES	LIGNES les parcourant	LIGNES les traversant
Matignon (av.).........	B.	AB, B, C, D, R
Maubert (place)........	I, G, Z.	G.
Maubuée..............		L.
Mauconseil............	O.	K.
Mauvais-Garçons (r. des)		R, S, T.
Mayet................		V, X.
Mazarine.............		AD, O.
Mechain..............		J.
Méhul (de)............		X.
Ménilmontant (de).....	O.	AE, E.
Meslay................		AD, AE, T.
Mézières (de)..........		G.
Michodière (de la)		AE, E, F.
Mirès (passage).........	AB, E, H.	
Ministères des affaires étrangères........	AD, Y.	
Id. de l'Agriculture...	AF, Y.	
Id. de l'Algérie.......	AB, B, D, R.	
Id. d'Etat.............	A, C, G. H, R, S, X, Y.	
Id. des finances.......	A, AC, D, R.	
Id. de la guerre.......	AF, Y.	
Id. de l'instruction publique.........	AD, AF, H, V, Z.	
Id. de l'intérieur......	AB, R, D A.	
Id. de la justice.......	AC.	
Id. de la marine......	A, AB, AF, C, D, R.	
Id. des travaux publics	AF, Y.	
Miromesnil (de)........		AB, B, D, R.
Missions étrangères....	X.	
Milan (de).............		G.

NOMS DES RUES	LIGNES les parcourant	LIGNES les traversant
N		
Nancy (de)............		L.
Navarrin (de)...........		J.
Nemours (de)...........		O.
Neuilly (av.)............	C.	
Neuve-de-Berry.........		AB, R, C.
Neuve-des-Bons-Enfants		V.
Neuve-Bourg-l'Abbé....		T.
Neuve-Breda,...........		J.
Neuve-des-Capucines..	X.	E, F.
Neuve-Coquenard		R.
Neuve-Guillemin........		Z.
Neuve-de-Lappe.........	P.	
Neuve-du-Luxembourg.		A, AB, AC, C, D, E, F, R, X.
Neuve-des-Mathurins...	B.	AC, F, G, X.
Neuve-d.-Petits-Champs	I, X.	AC, G, H, N, O, V.
Neuve-St-Augustin....	F.	AC, G.
Neuve-Ste-Catherine...	F.	
Neuve-St-Denis........	AE.	AG, K, L, T.
Neuve-St-Eustache	N.	J, Y.
Neuve-St-Paul.........		Q.
Nevers (de)		V.
Nonains-d'Hyères (des).	Z.	Q, T.
Normandie (de).........		O.
Notre-Dame............	G, L.	
Notre-Dame (pont).....	G, L.	Q.
N.-D.-de-Grâce.........	.	AF.
N.-D.-de-Lorette	H, J, B.	

NOMS DES RUES	LIGNES les parcourant	LIGNES les traversant
N.-D.-de-Lorette (rue)..	H.	B, J.
N.-D.-de-Nazaret.......		AD, L, T.
N.-D.-des-Victoires.....	F.	V.
O		
Observatoire (de l')		AF.
Odéon (pl. de l')........	AF, H.	
Odéon (r. de l').........		AF, Z.
Ollivier		H, J.
Oratoire-d.-Louvre (de l')		C, G, I, Q, R, V.
Oratoire-du-Roule (de l')		AB, C, D.
Orléans-St-Honoré (d')..		J, R, V.
Orléans-St-Marcel......		U.
Ormes (des)...........		R, S, Z.
Oseille (de l')...........		O.
Ouest (de l')............		O.
Ours (r. aux)...........		AG, K, L, T.
P		
Pagevin.................		Y.
Paix (de la)	AC, X, F.	AB, E, F.
Palais-de-l'Industrie ...	A, AC, B, C.	
Palais-de-Justice........	AG, I, J, K, L.	
Palais-Royal (pl.).......	A, C, G, H, Q, R, X, Y.	D.
Panoramas (passage des)		AB, E, I, J, V, Y.
Panthéon................	AF, J.	
Paon-Blanc (du)........		T.
Papillon................	B.	
Papin		T.

NOMS DES RUES	LIGNES les parcourant	LIGNES les traversant
Paradis Poissonnière...	F, V.	AC, K, T, V.
Paradis-au-Marais......	F.	O.
Parc (du)...............	X.	
Parcheminerie (de la)...		J.
Pascal.................		U.
Pas-de-la-Mule (du).....	F.	
Pastourel...............		AD.
Paul-le-Long...........		F, I, V.
Passy..................	A, AB.	
Pavée-au-Marais........		F, L, R, S.
Pavée-St-André-d.-Arts.		Z.
Païenne................		F.
Penthièvre (de).........		AB, D, R.
Pépinière (de la)........		AB, AF, B, D, F, R.
Percée..................		AD, R, S, Z.
Perche (du)............		O, R, S.
Père-Lachaise (cimetière	P.	
Perle (de la)............		O.
Périgueux (de).........		D.
Petit-Champs (des).....		AF.
Petit-Lion (du)..........		K.
Petit-Moine (du)........		U.
Petit-Musc...............	Q.	R, S.
Petit-Pont (du).........	G, L.	
Petit-Thouars (du)......		AD.
Petite-Rue-du-Bac......		V.
Petite-Rue-Verte.......		B.
Petites-Ecuries (des)...		AC, K, V.
Petits-Hôtels (des).....		AC, V.
Petrelle................		I.
Phélippeau.............	D.	AD.

NOMS DES RUES	LIGNES les parcourant	LIGNES les traversant
Picpus..................		AE, Q.
Pierre-Assis...........		U.
Pigale..................		H, M.
Planchette (de la)		K, R, S.
Plâtre-St-Jacques (du)..		T.
Pointe-St-Eustache.....	D, F, J, U.	
Poissonnière (du faub.).	AC, B, T, V.	F, M, Y.
Poissonnière (rue)......		E, Y.
Poissy (de).............		G, U, Z.
Poitiers (de)...........		AD.
Poitou (de)		O.
Poliveau (du)...........		U.
Pompe (de la)..........	AB.	A.
Ponceau (du)...........		AE, K, L, T.
Pont-au-Change (du)...	AG, J, K.	
Pont-aux-Choux (du)...		AE, E.
Pont-de-Lodi (du).......		O.
Pont-Louis-Philippe (du)		R, S.
Pont-Neuf (du).........	Q, I, O, V.	
Pontoise de............	Z.	G, U.
Portefoin...............		AD.
Port-Mahon (du)	G.	F.
Port-Royal (du)		AG, J.
Postes (des)............		AF.
Poste (grande).........	Y.	I.
Préfecture de police....	AD, J, O, V.	
Préfecture de la Seine..	AD, L, Q, R, S.	
Prêtres - Saint - Germain l'Auxerrois (r. des)...		I, V.
Prince-Impérial (r. du)..		AG, G, K, U.
Prouvaires (des)........	J.	D.
Provence (de)..........	AC.	H, I, J.

NOMS DES RUES	LIGNES les parcourant	LIGNES les traversant
Pyramides............		A, C, G, R.
Q		
QUAIS		
Anjou (d')...............		T, Z.
Augustins (des)........		AD, AG, K, L, O, V, Z.
Austerlitz (d')...........		T.
Bercy (de)................	S.	
Béthune (de).............		T, Z.
Billy (de)................	A.	AD.
Bourbon..................		Z.
Célestins (des)..........	Q.	
Conférence (de la)......	A.	AD, AF.
Conti (de)...............	V.	AD, O.
Ecole (de l')............	O, Q, V.	I.
Fleurs (aux)............		AG, J, K, L.
Gèvres (de).............	Q.	AD, AG, J, K, L, O.
Grève (de la)...........	Q.	U.
Horloge (de l').........		AD, AG, I, J, K, O, V.
Institut (de l').........	V.	
Ivry (de la Gare d').....	T.	
Jemmappes.............		AE, N, O, P, Q.
Loire (de la)...........		AC, M.
Louvre (du)............		H, X, Y.
Malaquais..............		H, V.
Marché-Neuf (du).......		AG.
Mégisserie (de la)......	AD, O, Q.	AG, I, J, X, V.

NOMS DES RUES	LIGNES les parcourant	LIGNES les traversant
Montebello (de)	I.	G, T, U.
Napoléon	U.	L.
Orfèvres (des)	I.	AG, AG, J, K, O, V.
Orléans (d')		T, Z.
Ormes (des)	Q, T.	Z.
Orsay (d')		AD, AF, H, X, Y.
Peletier	Q	L, U.
Rapée (de la)	S.	
Seine (de)		L, M.
Saint-Bernard	T.	U, Z.
Saint-Michel	I, J, L.	AG, G, K.
Saint-Paul	Q.	
Tuileries (des)		AF, H, X, Y.
Tournelle (de la)	T, U, Z.	I.
Valmy		AE, N, O, P, Q.
Voltaire	H.	X, Y.
Q		
Quatre-Chemins (des)		R.
Quatre-Fils (des)		O.
Quatre-Vents (des)		L, Z.
Quincampoix		L, T.
R		
Rabelais		R, S, Z.
Racine		AF, Z.
Rambouillet (de)		R.
Rambuteau (de)	F, I.	AD, AG, D, J, K, L, U.
Rampe-du-Trocadéro	A.	

NOMS DES RUES	LIGNES les parcourant	LIGNES les traversant
Ranelagh	A.	
Réaumur	D.	L, T.
Récollets (des)		L.
Reine-Blanche (de la)		U.
Regard (du)		O.
Renard-St-Merri (r. du)		O, R, S.
Rennes (de)	O.	
Reuilly (de)		AE, Q, R.
Reynie (de la)		AG, U.
Ribouté		T.
Richelieu (de)	H, X.	A, AB, AC, C, D, E, F, G, R.
Richepanse		AB, AC, D, E.
Richer	AC.	I, J, V.
Rivoli (de)	A, AD, C, G, H, I, J, O, Q, R, S, T, U, V, X, Z.	AC, AF, AG, K, L, I, V, Y.
Rochechouart	I.	B, M, T.
Rocher (du)	F.	
Rohan (de)	R.	D, H.
Roi-de-Sicile (du)		O.
Rome (de)		B.
Roquette (de la)	P.	AE, Q, R, S.
Rosiers (des)		O.
Rossini		H.
Rouen (de)		AB, E, X.
Rougemont		E, Y.
Roule (du)	D, R.	AD, G, S.
Rousselet		X.
Royal (pont)	H, X, Y.	
Royal-St-Honoré	AC, AF, B, D, R.	A, AB, C, H.
Royal (place)	F.	

NOMS DES RUES	LIGNES les parcourant	LIGNES les traversant
Royer-Collard.		J.
Rumfort................	AF.	
S		
Saintonge (de)		AE, D, E
Saumon (passage du)..	J, Y.	
Saussaies (des).........		AB, B, D, R.
Saxe (av. de)...........		X, Z.
Seine (de)..............	L.	AI, AF, H, O, Z.
Sentier (du)............		F, Y.
Senpente,..............	V, Y.	AF, K, Z.
Sèvres (de).............	V, X.	AF, H, Z.
Sèze (de)...............		E, F, X.
Simon-le-Franc.........		AD, T.
Sorbonne...............	AG.	
Sorbonne (de la)........	J.	AG, K.
Soufflot................	AF, J.	AG.
Soulages (Bercy).......	S.	
Sourdière (de la)		D.
Stockholm (de).........		F.
Strasbourg (de)	B.	AG, K, L.
Suffren (av. de)........	Z.	Y.
Suresnes (de)		AF.
Saint-André-des-Arts..		AD, AG, K, L, O, Z.
— Anne..............		F, X.
— Antoine (faub.)...	A, E, Q.	R.
— Antoine (rue)....	Q. R, S, Z.	AE.
— Appoline.........		AE, AG, K, L, N, T.
— Arnaud		A, E, F, X.

NOMS DES RUES	LIGNES les parcourant	LIGNES les traversant
Sainte-Barbe...........		E, S.
— Benoît...........		AD, V.
— Bernard..........		AE, P.
— Bon.............		S.
— Claude...........		AE, E.
— Cloud............	AB.	C.
— Croix de la Bretonnerie........		O, T.
— Denis (faubourg).	K, T, B.	AE, E, N, Y.
— Denis (Porte)....	E, K, N, T.	
— Denis (rue).......	D, J, K, Q.	AD, EF, G, N, R, S, Y.
— Dominique.......	AF, X, Y, Z.	AD, H.
— Eustache.........	N.	J, V, Y.
— Fiacre............		E, Y.
— Florentin	O.	
— François.........	A. C. R.	
— Geneviève........		B.
— Georges.........	H.	AC, B.
— Germain-l'Auxerr		I, Q, R, S, V.
— Gervais		O.
— Guillaume........		AF, H, Z.
— Hippolyte........		AF.
— Honoré (faubourg)	AB, B, D, R.	AF.
— Honoré (rue).....	AC, D, G, H, I, R, V, X, Y.	AF, J.
— Hyacinthe........		AF, AG.
— Jacques (faub.).....	J.	
— Jacques (rue).....	J.	AF, G, I, K, L, Z.
— Jean		AD, Y.
— Joseph		J, Y.

NOMS DES RUES	LIGNES les parcourant	LIGNES les traversant
Saint-Laurent..........	B.	
— Laurent (rue)....	B.	AG, K, L.
— Lazare...........	B, F, G, X.	H.
— Louis (Ile)........		T, Z.
— Louis-au-Marais ..		AE, D, F, O.
— Magdebourg.....		A.
— Marc.............		AB, H, I, J, V, Y.
— Marie.............		AB, C, D.
— Marguerite.......	V.	AE.
— Martin (faubourg)	L.	AC, AE, B, E, N, T, Y.
— Martin (Porte)...	E, L, N, Y.	
— Martin (rue).....	AE, L, T.	AD, E, F, G, N, O, R, S, Y.
— Maur-Popincourt.		N, O, P.
— Maur-St-Germ...		X.
— Merri.............		AD, L, T.
— Michel (pont).....	AG, I, J, K, L.	
— Nicolas-d'Antin..		AC, B, F, X.
— Nicolas-St-Ant ..		AE, G.
— Paul.............		Q, R, S, Z.
— Pères.............	H.	AD, AF, Z.
— Pétersbourg......		M.
— Philippe-d.-Roule.	AB, D, R.	
— Pierre-Amelot....		E.
— Pierre-Montmart.		F, J, Y.
— Placide...........	V.	X.
— Roch.............		D, G, X.
— Romain..........		X.
— Sabin............		P.
— Sauveur.........		J, Y.

NOMS DES RUES	LIGNES les parcourant	LIGNES les traversant
Saint-Sébastien........		AE, E.
— Séverin.........		AG, K, Z.
— Sulpice (place)..	H, L, Q, Z.	AF.
— Thomas..........		AG.
— Victor...........	E, U.	
T		
Taitbout...............		AB, AC, B. E, H.
Taranne...............	H, V.	
Temple (faubourg).....	N.	AE, E, M.
Temple (r. du).........	AC, D, T.	F, F, O, R, S.
Ternes (av. des)........	D.	
Théâtre-d-boulevard-du-Temple...............		AF, E.
Théâtre-du-Cirque......		AD, AG, G, I, K, O, Q, R, S, V.
Théâtre-des-Italiens...		F, X.
Théâtre-du-Vaudeville..		AB, F, H, I, V.
Thévenot............. ..		K.
Tiquetonne............		J, Y.
Tirechappe.............		D, G, J, R, S.
Tiron..................		S.
Tivoli (de).............		G.
Tonnellerie (de la)......	D.	F, U.
Tour-d'Auvergne (de la)		I, J.
Tournelle (pont de la)..	T, Z.	
Tournelles (r. des).....		AE, E, P, Q, R, S, Z.
Tournon (de)....... ...	H.	AF, L, O, Z.
Tourville (av. de)......		Z.
Tracy (de).............		AE, AG, K.

NOMS DES RUES	LIGNES les parcourant	LIGNES les traversant
Traverse...............		X.
Traversière		AE, Q, R, S.
Trévise (de)............		AC, T, V.
Trois-Couronne (des)...		U.
Trois-Pavillons (des) ...		F.
Tronchet...............	F, B.	X.
Trône (pl. du)...........	AE, Q.	
Trudaine (av. de)......		I, J.
U		
Ulm (d').................	AF.	
Université (de l').......	AD, X, Y.	AF, H.
Ursulines (des).........		J.
V		
Val-de-Grâce (du)	J.	AG.
Val-Ste-Catherine (du)..		F, R, S, Z.
Valois (Pal.-Royal) (du)		D, R, Y.
Valois-du-Roule (du)...		F, M.
Vanneau...............		X.
Varennes (de).		X.
Vaugirard	X.	
Vaugirard (r. de)........	H, O.	AF, V.
Vendôme (place).......	AC, X.	C, D.
Vendôme (r. de)........		AB, AE, E.
Venise (de).............		AG.
Verneuil (de)...........		H, Y.
Verrerie (de la).... ...	T.	AB, L.
Verbois (du)............		AB, L, T.
Vero-Dodat (passage)..		I, V, Y.

NOMS DES RUES	LIGNES es parcourant	LIGNES les traversant
Vertus (des)...........		D.
Victoire (r. de la)......		G, H, J.
Victoires (pl. des)......	F, I, N, V.	
Victoria (av.)..........	G, U.	AG, K, L O, R.
Vieille-Estrapade (de la)		AF.
Vieilles-Haudriettes (d)		AB.
Vieille-du-Temple......	O.	E, F, R, S, T.
Villette	L.	
Villette (Petite)........	AC.	
Vieux-Augustins (des).		F, J, Y.
Vieux-Colombier (du)..	AF, H.	V, Z.
Vienne (de)...........		F.
Vignes (des)...........		B.
Villedo................		H, X.
Villiot................		X.
Ville-l'Evêque (de la)...		AF.
Vinaigriers (des).......		L.
Vincennes.............	AE.	
Vingt-Neuf-Juillet (du).		A, C, D, G, R.
Vivienne...............	AB, I, V.	E, F.
Vosges (des)..........		R, S, Z.
Vrillère (de la)........	F.	I, N, V.
W		
Watt (de).............		Z.

NOMS

DES RUES DES ANNEXES :

Auteuil, Batignolles, Belleville, Chaillot, Charonne, Grenelle, Montmartre, Mont-Parnasse, Montrouge, Passy, les Ternes, Vaugirard, la Villette.

TRAVERSÉES PAR LES DIVERS OMNIBUS.

NOMS DES RUES	NOMS DES ANNEXES	LIGNES
A		
Acacias (des).........	Montmartre..........	I.
Acacias (des).........	Les Ternes	AB, C, D.
Acacias (des).........	Vaugirard...........	X.
Allemagne (d').......	La Villette...........	M.
Antin (d')............	Les Batignolles	M.
B		
Bagnolet (de)........	Charonne............	P.
Basse-de-Passy.......	Passy................	A.
Bassins (des).........	Chaillot............	AB.
Belleville (de)........	La Villette..........	AC.
Blomet...............	Vaugirard...........	X.
Boislevant...........	Passy...............	A.
Bois (des)............	Charonne..........	P.
Boissière............	Chaillot...........	AB.
Bon-Puits (du).......	La Chapelle........	K.
Bordeaux (de)........	Bercy..............	S.
Bordeaux (de)........	Villette	L.
Boucet...............	Villette...........	AC.

NOMS DES RUES	NOMS DES ANNEXES	LIGNES
Bsulainvilliers	Passy	A.
Bourgogne (de).......	Bercy	S.
Boursault (de).........	Batignolles..........	M.
C		
Cardinet	Batignolles..........	H.
Carrière (de la).......	Montmartre..........	M.
Catacombes (des)....	Montrouge...........	AG.
Chabrol (de).........	Chapelle	M.
Champ-d'Asile (du)..	Mont-Parnasse.......	O.
Chapelle (de la).....	Villette	L.
Charbonnière (r. de la)	Chapelle	M.
Chartres (de)	Chapelle............	M.
Château-Rouge (du)..	Montmartre	I.
Clignancourt(chauss.)	Montmartre..........	M.
Clovis.................	Chaillot.............	AB.
Constantine..........	Mont-Parnasse.......	O.
Courcelles (de)......	Ternes...............	M.
Couronnes (des)......	Chapelle.............	K.
Croix-Nivert (de).....	Grenelle	Z.
D		
Dames (des)..........	Batignolles..........	H.
Dames (des)..........	Les Ternes..........	D.
Demours (de)	Les Ternes..........	D.
Département (du)....	La Chapelle..........	K.
Drouin-Quintaine	La Villette..........	AC.
E		
Ecole (de l')	Charonne............	P.
Ecole (de l')	Grenelle.............	Z.

NOMS DES RUES	NOMS DES ANNEXES	LIGNES
Eglise (de l').........	Passy................	A.
Empereur (de l').....	Montmartre.........	M.
Empereur (av. de l')..	Passy................	AB.
Etoile (de l'),.........	Ternes..............	C, D.
F		
Flandre (de)..........	Villette	M.
Florentin............	Montmartre..........	M.
Fondary	Grenelle	Y.
Fontarabie...........	Charonne............	P.
Fontinelle...........	Montmartre..........	I.
Fortin....	Batignolles	M.
Franklin	Passy................	A.
Francs-Bourgeois (des)	Chapelle............	K.
Frénicourt	Grenelle	Z.
G		
Gallois...............	Bercy................	L.
Goutte-d'Or (de la)...	Chapelle	M.
Grande-Rue-de-Clichy	Batignolles	M.
Gr.-R.-de-la-Chapelle.	Chapelle............	M.
Gr.-Rue-Royale......	Montmartre.........	I.
H		
Havre (du)..........	La Villette	L.
I		
Impératrice (av. de l')	Passy...............	C.
Isly (d').............	La Villette	M.

NOMS DES RUES	NOMS DES ANNEXES	LIGNES
J		
Joinville (de).........	La Villette..........	L.
L		
La-Rochefoucault (de)	Montrouge..........	AG.
Lemercier............	Batignolles..........	G.
Letellier.............	Grenelle............	Y.
Lévis (de)...........	Batignolles..........	M.
Longchamps (de).....	Chaillot.............	AB.
M		
Mâcon (de)..........	Bercy..............	S.
Madame (de).........	Charonne...........	P.
Mare (de la).........	Belleville...........	N.
Marseille (de)........	La Villette..........	AC.
Martyrs (chauss. des)	Montmartre..........	M.
Meaux (de)..........	La Villette..........	AC. M.
Metz (de)............	Villette.............	AC.
Mogador (de)........	Villette.............	L.
Moines (des).........	Batignolles..........	H.
Moncey..............	Batignolles..........	H.
Montagnes (de la)....	Passy..............	A.
Montyon (de)........	Montrouge..........	AG.
Moulins (des)........	Belleville...........	N.
Mulhouse (de).......	Villette.............	AC.
N		
Nantes (de)..........	Villette.............	L.
Neuilly (av. de)......	Ternes..............	AB.

NOMS DES RUES	NOMS DES ANNEXES	LIGNES
Neuve-d'Orléans	Montrouge...........	AG.
Neuve-Pigalle........	Montmartre..........	M.
Neuve-Singer.........	Passy..............	A.
O		
Orléans (d').........	Batignolles..........	H.
Ouest (de l').........	Mont-Parnasse.......	O.
P		
Paix (de la)..........	Batignolles..........	H.
Paris (de)............	Ternes..............	M.
Pépinière (de la)	Montrouge...........	AF.
Perchamps (des).....	Auteuil.............	A.
Petit-Parc (du).......	Auteuil..............	C.
Petite-Rue-Royale ...	Montmartre..........	M.
Piat.................	Belleville............	N.
Planchette (de la)....	Ternes...............	M.
Planchettes (des)....	Auteuil...............	A.
Poiriers (des)........	Chapelle	K.
Poissonniers (des)...	Montmartre..........	M.
Pompe (de la)........	Passy...............	A.
Puteaux (de).........	Batignolles..........	M.
R		
Ranelagh (de)........	Passy...............	A.
Renard (du)..........	Belleville	N.
Rigoles (des).........	Belleville	N.
Rouen (de)...........	Villette..............	L.

NOMS DES RUES	NOMS DES ANNEXES	LIGNES
S		
Sablons (des).........	Chaillot.............	AB.
Soissons (de).........	Villette	L.
Sophie................	Auteuil	A.
Saint-André..........	Charonne	P.
Saint-André..........	Montmartre..........	I.
Saint-Cloud (av. de)..	Passy	C.
Saint-Denis (av. de)...	Chaillot.............	AB, C.
Saint-Denis..........	Montmartre..........	I.
Saint-Denis	Villette	L.
Saint-Germain (de)...	Charonne	P.
Saint-Lambert	Vaugirard	X.
Saint-Laurent........	Belleville............	M, N.
Saint-Louis	Batignolles...........	G.
Saint-Pierre	Passy.................	AB.
Sainte-Thérèse.......	Batignolles	H.
T		
Théâtre (du).........	Grenelle	A.
Théâtre (du).........	Mont-Parnasse.......	O.
Thiphaine...........	Grenelle.............	Y.
Tour (de la)..........	Passy	A, AB.
Tourville (de)........	Belleville............	N.
Transit (du).........	Vaugirard...........	X.
Truffault.............	Batignolles..........	G.
V		
Vanvres (de).........	Mont-Parnasse.......	O.
Vertus (des).........	Chapelle	M.

NOMS DES RUES	NOMS DES ANNEXES	LIGNES
Vignes (des).........	Auteuil	A.
Vignes (des)	Vaugirard	X.
Villette (de la)........	Belleville	N.
Villette (de la	Chapelle.............	K.
Vinaigriers (des)......	Montmartre..........	I.
Vincent..............	Belleville.............	N.
Virginie..............	Montmartre..........	M.

A l'occasion de l'Exposition universelle de Londres, MM. les exposants et voyageurs trouveront à la librairie **Guittet**, 38, passage des Panoramas :

1° **Londres en poche**, nouveau guide pratique et illustré, spécialement édité pour les Français.

2° **Le nouveau Londres.** Plan nouveau et colorié contenant la nomenclature de toutes les rues, chemins de fer et monuments.

3° **Le Manuel anglais-français**, de M. H. Courty, **A B C** du voyageur ne connaissant pas un mot d'anglais (5e édition).

4° **Londres en omnibus.** Itinéraire des omnibus, voitures, chemins de fer et bateaux à vapeur de la Tamise.

ITINÉRAIRE DES VOITURES

LIGNE A

ALLANT D'AUTEUIL AU PALAIS-ROYAL

Voie ferrée de Saint-Cloud et de Sèvres.

Place de l'Embarcadère.
Rue de la Fontaine.
Rue Boulainvilliers.
Grande-Rue de Passy.
Place de la Mairie (Passy), AB.
Rue Benjamin-Delessert.
Rampe du Trocadéro.
Pont de l'Alma, AD.
Quai de Billy.
Cours-la-Reine , AF , AC. Voie Ferrée.
Place de la Concorde.
Rue de Rivoli.
Pl. du Palais-Royal, D, H, G, Q, R, S, X, Y.

LIGNE AB

ALLANT DE PASSY A LA PLACE DE LA BOURSE

Pl. de la Madeleine, (Passy), A.
Rue de la Pompe.
Avenue de Saint-Cloud.
Place de l'Etoile.
Boulevard Beaujon.
R. du Faubourg-St-Honoré, 117, D, R.
R. Royale-St-Honoré, 15, B, AF, AC, R.
Boulev. de la Madeleine, 27, E, F.
Boulev. des Capucines.
B. des Italiens, 5, H, E
Rue Vivienne.
Pl. de la Bourse, F, I, V

LIGNE **AC**

DE LA PETITE VILLETTE AU COURS-LA-REINE

Route d'Allemagne, M.
Rue Lafayette, L.
Rue de Dunkerque, 17, V, K.
Rue Denain.
Rue du Faubourg-Poissonnière.
Rue Papillon, 2, V, T, B.
Rue Richer.
Rue de Provence.
Rue de la Chaussée-d'Antin, G.
Rue de la Paix.
Place Vendôme.
R. Royale-St-Honoré, 15, AB, AF, B, D, R.
Cours-la-Reine, A, AF.
Voie ferrée.

LIGNE **AD**

DU CHATEAU-D'EAU AU PONT DE L'ALMA.

Château-d'Eau, E, N, AE.
Rue du Temple.
Rue de Rivoli.
Pl. du Chatelet, AG, G, J, K, O, Q, R, S, U.
Quai de la Mégisserie.
Pl. Dauphine, I, O, V.
Rue de Buci.
Rue Jacob.
Rue de l'Université.
Rue de Bellechasse.
Rue Saint-Dominique. AF, Y.
Rue de Bourgogne, ~~AF, Y~~.
Esplanade des Invalides.
Pont de l'Alma, A.
Voie ferrée.

LIGNE **AE**

DE VINCENNES AUX ARTS ET MÉTIERS.

Avenue de Vincennes.
Place du Trône, Q.
R. du Faub.-St-Antoine.
~~**Place de la Bastille,**~~
~~E, F, P, R, S, Z.~~
~~Boul. Beaumarchais.~~
~~Boul. des Filles du Calvaire.~~
~~**Cirque Napoléon,** D, O.~~
Boulevard du Prince Eugène
Boul. du Temple, 78, AD, N.
Boul. Saint-Martin.
Porte Saint-Martin, L, N, T, Y.
Rue Saint-Martin.
Rue Neuve-St-Denis.
Boul. Sébastopol.
Arts-et-Métiers, AG.

LIGNE **AF**

DE LA PLACE DU PANTHÉON AU PARC DE MONCEAUX.

Place du Panthéon.
Rue Soufflot, J.
Rue Monsieur-le-Prince.
Rue Saint-Sulpice.
Place Saint-Sulpice, 4 et 8. H, L, O, Z.
Rue du Vieux-Colombier.
Rue de Grenelle-St-Germain, 4, V.
Rue de Grenelle-St-Germain, 69, X, Z.
Rue Bellechasse.
Rue Saint-Dominique. Y. AD
R. de Bourgogne, Y, AD.
Pont de la Concorde.
Place de la Concorde.
Cours-la-Reine, A, AC.
Voie ferrée.
Rue Royale-St-Honoré, 15, AB, AC, B, D, R.
Pl. de la Madeleine, E, F.
Boulev. Malesherbes.
Place Laborde.
Parc de Monceaux, M.

LIGNE **AG**

DE MONTROUGE AU CHEMIN DE FER DE L'EST.

Grande route d'Orléans.
R. d'Enfer.
Boul. Sébastopol (r. g.). Z.
Place du Pont-St-Michel, I, J, L.
Pont au Change.
Place du Châtelet, AD, G, J, K. O, Q, R, S, U.
Boul. de Sébastopol (r. d.), AE.
Boul. de Strasbourg. B. L.

LIGNE B

DE CHAILLOT A SAINT-LAURENT

Rue de Chaillot.
Avenue des Champs-Elysées, C.
Av. et rue Matignon.
Rue du Faubourg-Saint-Honoré.
Rue Royale-St-Honoré, AB, AC, AF, D, R.
Place de la Madeleine.
Boulev. de la Madeleine, E, F.
Rue Tronchet.
Rue du Havre.
Place du Havre, F, X.
Rue St-Lazare.
Rue Bourdaloue, 9, H, J.
Rue Lamartine.
Place Cadet, I. T.
Rue Montholon.
Rue Papillon, AC, T, V.
Rue Paradis-Poissonnière.
Rue de la Fidélité.
Boul. et rue de Strasbourg, AG, L.

LIGNE C

DE COURBEVOIE AU LOUVRE

Avenue de Neuilly.
Place de l'Etoile.
Av. des Champs-Elysées, 96, B.
Place de la Concorde.
Rue de Rivoli.
Rue du Louvre, G, Q, R, S, V.

LIGNE D

DES TERNES AU BOULEVARD DES FILLES-DU-CALVAIRE

Grande-Rue des Ternes.
Rue du Faubourg-Saint-Honoré, 117, AB, R.
Rue Royale-St-Honoré, 15, AC. AF. B.
Boulev. de la Madeleine, E. F.
Rue Duphot.
Rue St-Honoré, 115, A, G, H, Q, R, S, X, Y.
Rue de la Monnaie.
Pointe-St-Eustache, F. J. U.
Rue Montorgueil.
Rue Mauconseil.
Rue Saint-Denis.
Rue Greneta.
Rue Réaumur.
Rue Phélippeau.
Rue de Bretagne.
Rue des Filles-du-Calvaire.
Boul. du Temple (cirque Napoléon), AE, E, O.

LIGNE E

DE LA BASTILLE A LA MADELEINE.

Boul. Beaumarchais, AE, F, P, Q, R, S, Z.
B. des Filles-du-Calvaire.
Boul. du Temple.
Cirque Napoléon, D, O.
Boul. du Temple, AD, N.
Boul. Saint-Martin.
Porte Saint-Martin, L, T, Y.
Boul. Saint-Denis.
Porte Saint-Denis, K, N.
Boul. Bonne-Nouvelle.
Boul. Poissonnière.
Boul. Montmartre.
Boul. des Italiens, AB. H.
Boul. des Capucines.
Boulev. de la Madeleine, AB, AF, B, F, D.

LIGNE F

DE LA BASTILLE A MONCEAUX.

Place de la Bastille, AE, E, P, Q, R, S, Z.
Rue du Pas-de-la-Mule.
Rue Neuve-Ste-Catherine.
Rue des Francs-Bourgeois.
Rue Paradis, au Marais.
Rue Rambuteau, T.
Pointe St-Eustache, D, J, U.
Rue Coquillière.
Rue Croix-des-Petits-Champs.
Rue de la Vrillière.
Rue Catinat, I, N. V.
Place des Victoires.
Rue des Filles-St-Thomas.
Place de la Bourse, AB, I, V.
Rue Neuve-St-Augustin.
Boul. des Capucines.
Boulev. de la Madeleine, AB, AF, B, D, E.
Rue Tronchet.
Rue de la Ferme-des-Mathurins.
Place du Havre, X, B.
Rue Saint-Lazare.
Rue du Rocher.
Rue de Lévis,
Route d'Asnières.

LIGNE G

DES BATIGNOLLES AU JARDIN DES PLANTES

Rue de l'Hôtel de Ville.
Boul. de Clichy, H, M.
Rue de Clichy.
Rue St-Lazare.
Rue de la Chaussée-d'Antin, AC.
Rue Louis-le-Grand.
Rue du Port-Mahon.
Rue d'Antin,
Rue du Marché-St-Honoré.
Rue St-Honoré, A, D, H, Q, R, X, Y.
Place du Palais-Royal,
Rue de Rivoli.
Rue du Louvre, C, S, V.
Place du Châtelet, AG, AD, J, K, O, Q, R, S, U.
Avenue Victoria.
Pont Notre-Dame.
Rue de la Cité.
Rue du Petit-Pont.
Place Maubert, I, Z.
Rue Galande.
Rue Saint-Victor.
Rue Cuvier.
Rue Fontaine-Cuvier, U.

LIGNE **H**

DE CLICHY A L'ODÉON.

Avenue de Clichy.
Rue de Paris.
Boul. de Clichy, G, M.
Rue Fontaine-St-Georges.
Rue Notre-Dame-de-Lorette.
Rue Bourdaloue, J, B.
Rue Laffitte.
Boul. des Italiens, AB, E.
Rue Richelieu.
Rue St-Honoré, A, D, G, Q, R, S, X, Y.
Place du Palais-Royal.
Rue de Rivoli.
Place du Carrousel.
Pont des Saints-Pères
Rue des Saints-Pères.
Rue Taranne.
Rue du Dragon.
Rue de Grenelle-St-Germain, V, Z.
Rue du Vieux-Colombier.
Rue St-Sulpice.
Place St-Sulpice, 8, AF, L, O, Z.
Rue de Tournon.
Rue de Vaugirard.

LIGNE I

DE MONTMARTRE A LA PLACE MAUBERT

Rue Marcadet.
Rue de Clignancourt.
Rue de Rochechouart.
Place Cadet, T. B.
Rue Cadet.
R. du Faub.-Montmartre.
Boul. Montmartre.
Rue Vivienne.
Place de la Bourse, AB, F. V.
Rue Neuve-des-Petits-Champs.
Rue Croix-des-Petits-Champs, F, N, V.
Rue Saint-Honoré.
R. de l'Arbre-Sec, D.
Pont-Neuf.
Pl. Dauphine, AD, O, V.
Quai des Orfèvres.
Pont et quai St-Michel.
Place St-Michel, AG, J, K, L.
Quai Montebello.
~~**Place Maubert,** Z,~~ G.
Boulevart ~~Sébastopol~~ St Germain +.U.Z.

LIGNE J

DE LA BARRIÈRE PIGALLE A LA RUE DE LA GLACIÈRE.

Barr. des Martyrs, M.
Rue des Martyrs.
R. Bourdaloue, H, B.
Rue du Faubourg-Montmartre.
Rue Montmartre.
Pointe St-Eustache, D, F, U.
Rue de la Tonnellerie.
Rue Saint-Honoré.
Rue Ste-Opportune.
R. des Halles centrales.
Place du Châtelet AD, AG, G, K, O, Q, R, S, U.
Pont au Change.
Boul. de Sébastopol (r. g.).
Pont et quai St-Michel.
Place St-Michel, AG, I, L.
Boul. de Sébastopol (r. g.)
Rue des écoles.
Rue de la Sorbonne.
Rue des grés.
R. Ne des Poirées.
Rue Soufflot, AF.
Rue du Faubourg-Saint-Jacques.
Boulevards de la Santé et de la Glacière.

LIGNE K

DE LA CHAPELLE AU COLLÉGE DE FRANCE.

Grande-Rue de la Chapelle, M.
Rue du Faubourg-Saint-Denis.
Rue de Dunkerque, AC, V.
Rue de Saint-Quentin.
Porte St-Denis, E, N, T.
Rue St-Denis.
Pl. du Châtelet, AD, AG, G, J, O, Q, R, S, U.
Pont au Change.
Boul. de Sébastopol (r. g.).
Place du Pont-St-Michel, L, I.
Boul. de Sébastopol, Z.
Rue des Ecoles.

LIGNE L

DE LA VILLETTE A SAINT-SULPICE.

Rue de Flandres.
Rue du Faubourg-Saint-Martin, AC.
Rue de Strasbourg, AG, B.
Porte-St-Martin, AE, E, N, T, Y.
Rue St-Martin.
Pont-Notre-Dame.
Rue de la Cité.
Rue du Petit-Pont.
Quai St-Michel.
Place St-Michel, AG, I, J, K.
Rue St-André-des-Arts.
Rue de Buci.
Rue de Seine.
Rue Saint-Sulpice.
Place St-Sulpice, AF, H, O, Z.

LIGNE M

DE BELLEVILLE AUX TERNES.

Boul. de Belleville.
Boul. de la Chopinette.
Boul. du Combat.
Boul. de Pantin, AC.
Boul. de la Villette,
Boul. des Vertus.
Boul. St-Denis, K.
Boul. Rochechouart.
Boul. des Martyrs, J.
Boul. Montmartre.
Boul. Clichy, G, H.
Boul. Monceaux.
Boul. de Chartre.
Boul. de Courcelles.
Boul. de l'Étoile.

LIGNE **N**

DE BELLEVILLE A LA PLACE DES VICTOIRES.

Rue de Paris.
Rue du Faubourg-du-Temple.
Boul. du Temple, AD, AE, E.
Rue de Bondy.
Porte St-Martin, AE, L, T, Y.
Boul. St-Denis, E, K, T.
Rue Bourbon-Villeneuve.
Rue Neuve-St-Enstache.
Rue des Fossés-Montmartre.
Place des Victoires.
Rue Catinat, F, I, V.

LIGNE **O**

DE MÉNILMONTANT A LA CHAUSSÉE DU MAINE.

Rue de Ménilmontant.
Rue des Filles-du-Calvaire.
Boul. des Filles-du-Calvaire, AE, D, E.
Rue Vieille-du-Temple.
Rue de Rivoli.
Rue des Deux-Portes-St-Jean, T.
Pl. du Châtelet, AD, AG, G, J, K, Q, R, S, U.
Quai de la Mégisserie.
Pont Neuf.
Pl. Dauphine, AD, I, V.
Rue Dauphine.
R. de l'Ancienne-Comédie.
Carrefour de l'Odéon.
Rue St-Sulpice.
Place St-Sulpice, AF, H, L, Z.
Rue Bonaparte.
Rue de Vaugirard.
Rue de Rennes.
Rue de Mont-Parnasse.
Boul. de Mont-Parnasse.
Rue de la Gaîté.
Chaussée du Maine.

LIGNE P

DE CHARONNE A LA BARRIÈRE FONTAINEBLEAU.

Rue de Charonne.
Boulevard Fontarabie.
Père-Lachaise.
Rue de la Roquette.
Place de la Bastille, AE, E, F, Q, R, S, Z.
Boulevard Contrescarpe.
Pont d'Austerlitz.
Rue de la Gare, T.
Boulevard de l'Hôpital.
Barrière Fontainebleau, U.

LIGNE Q

DE LA PLACE DU TRÔNE AU PALAIS-ROYAL.

Rue du Faubourg-St-Antoine.
Place du Trône, AE.
Place de la Bastille, E, F, P, R, S, Z.
Rue St-Antoine.
Rue du Petit-Musc.
Quai des Célestins.
Quai St-Paul.
Quai des Ormes.
Quai de la Grève.
Pont Louis-Philippe, T.
Quai Peletier.
Quai de Gèvres.
Place du Châtelet, AD, AG, G, J, K, O, U.
Rue de Rivoli.
Rue St-Denis.
Quai de la Mégisserie.
Quai de l'Ecole.
Place du Louvre.
Rue du Louvre, C, V.
Rue de Rivoli.
Pl. du Palais-Royal, A, D, G, H, R, X, Y.

LIGNE R

DE CHARENTON A SAINT-PHILIPPE DU ROULE.

Rue de Charenton.
Place de la Bastille, AE, E, F, P, Q, S, Z.
Rue St-Antoine.
Rue de Rivoli.
Rue des Deux-Portes-St-Jean, T.
Rue de la Coutellerie.
Avenue Victoria.
Place du Châtelet, AD. AG, G, J, K, O, U.
Rue de Rivoli.
R. du Louvre, C. V, S.
Rue St-Honoré, A, D. G, H, Q, X, Y,
Palais-Royal.
Rue de Rohan.
Rue de Rivoli.
Rue Royale-St-Honoré, AB, AF, AC, B.
Rue du Faubourg-St-Honoré, D, AB.

LIGNE S

DE BERCY AU LOUVRE.

Quai de Bercy.
Quai de la Râpée.
Boul. Mazas.
Rue de Lyon.
Place de la Bastille, AE, E, F, P, Q, R, Z.
Rue St-Antoine.
Rue de Rivoli.
Rue des Deux-Portes-Saint-Jean, T.
Rue de la Coutellerie.
Avenue Victoria.
Place du Châtelet, AD, AG, G, J, K, O, U.
Rue du Louvre, A, C, D, G, H, R, V.

LIGNE T

DE LA GARE D'IVRY A LA PLACE CADET.

Quai de la gare d'Ivry.
Rue Jouffroy.
Rue de la Gare.
Place Walhubert.
Quai St-Bernard.
Quai de la Tournelle, U, Z.
Pont de la Tournelle.
Rue des Deux-Ponts.
Quai des Ormes.
Rue du Pont-Louis-Philippe, Q.
Rue de Rivoli.
Rue des Deux-Portes-St-Jean, O, R, S.
Rue de la Verrerie.
Rue du Temple.
Rue de Rambuteau, F.
Rue St-Martin.
Porte St-Martin, AE, E, L, N, Y.
Boul. St-Denis.
Porte St-Denis, K. N.
Rue du Faubourg-St-Denis
Rue des Petites-Ecuries.
Rue du Faubourg-Poissonnière.
Rue Bleue, AC, B, V.
Rue Cadet, B, I.

LIGNE U

DE LA MAISON-BLANCHE A LA POINTE St-EUSTACHE

Grande route de Fontainebleau.
Rue Mouffetard.
Rue du Fer-à-Moulin.
Rue Geoffroy-St-Hilaire.
Rue St-Victor, G.
Rue du Cardinal-Lemoine.
Quai de la Tournelle, T, Z.
Pont de l'Archevêché.
Quai Napoléon.
Rue d'Arcole.
Place de l'Hôtel-de-Ville.
Avenue Victoria.
Place du Châtelet, AD, AG, G, J, K, O, Q, R, S.
Boul. de Sébastopol.
Rue de Rivoli.
Rue des Halles-Centrales.
Pointe St-Eustache, D, F, J.

LIGNE V

ANCIENNE BARRIÈRE DU MAINE AU CHEMIN DE FER DU NORD

Avenue du Maine,
Rue du Cherche-Midi.
Rue Ste-Placide.
Rue de Sèvres, X.
Rue de Grenelle, AF, H, Z.
Rue du Dragon.
Rue Taranne,
Rue Ste-Marguerite.
Rue Bonaparte.
Quai de l'Institut.
Quai Conti.
Pont Neuf.
Place Dauphine, AD, I, O.
Quai de l'Ecole.
Place du Louvre.
Rue du Louvre, C, G, Q, R. S.
Rue St-Honoré.
Rue Croix-des-Petits-Champs, F, I, N.
Place des Victoires.
Rue de la Feuillade.
Rue de la Banque.
Place de la Bourse, AB, I, F.
Rue Vivienne.
Boul. Montmartre.
Rue du Faubourg-Montmartre.
Rue Bergère.
Rue du Faubourg-Poissonnière.
Rue Papillon, AC, B, T.
Rue et place Lafayette.
Rue Denain.
Place Roubaix.
Rue de Dunkerque, AC, K.

LIGNE X

DE VAUGIRARD A LA PLACE DU HAVRE

Grande-Rue de Vaugirard.
Rue du Parc.
Rue de l'Ecole.
Rue de Sèvres, V.
Rue du Bac.
Rue de Grenelle-St-Germain. 169, AF, Z.
Pont Royal.
Place du Carrousel.
Pl. du Palais-Royal, A, D, G, H, Q. R, Y.
Rue Saint-Honoré.
Rue de Richelieu.
Rue Neuve-des-Petits-Champs.
Rue Neuve-des-Capucines.
Rue de Caumartin.
Rue Saint-Lazare.
Place du Havre, B, F.

LIGNE Y

DE GRENELLE A LA PORTE SAINT-MARTIN

Avenue du Commerce.
Champ-de-Mars.
Avenue de La Motte-Piquet, Z.
Rue de l'Eglise.
Rue St-Dominique. AF. AD.
~~R. Bourgogne, AF. AD.~~
Rue du Bac.
Pont Royal.
Pl. du Palais-Royal, A, D, G, H, Q, R, X.
Rue St-Honoré.
Rue de Grenelle-Saint-Honoré.
Rue J.-J.-Rousseau.
Rue Montmartre.
Boul. Poissonnière.
Boul. Bonne-Nouvelle.
Boul. St-Denis.
Porte St-Martin, AE, E, L. N, T.

LIGNE Z

DE GRENELLE A LA BASTILLE

Avenue de Lowendal.
Avenue de La Bourdonnaye.
Avenue de La Motte-Piquet, Y.
Rue de Grenelle-St-Germain, 69, AF, X.
Rue de Grenelle-St-Germain, 4, H, V.
Rue Bonaparte.
Rue St-Sulpice.
Place St-Sulpice, AF, H, L, O.
Rue de l'Ecole-de-Médecine.
Boul. de Sébastopol (r. g.), AG, K.
Boul. Saint-Germain, I, U, T.
Rue de Poissy.
Pont de la Tournelle.
Quai de la Tournelle, T, U.
Rue des Deux-Ponts.
Pont Marie.
R. des Nonnains-d'Hyères.
Rue de Fourcy.
Rue de Rivoli.
Rue St-Antoine.
Place de la Bastille, AE, E, F, Q, P, R, S.

OMNIBUS SUR RAILS (voie ferrée)

Voitures vertes

DE LA PLACE DE LA CONCORDE AU ROND-POINT DE BOULOGNE ET AU PONT DE SÈVRES

Itinéraire

Quai de la Conférence.	Route de Versailles.
Quai de Billy.	Route de la Reine
Quai de Passy.	

Cette ligne dessert directement les **Champs-Élysées**, le **Champ-de-Mars**, le **bas de Passy et d'Auteuil**, le **Point-du-Jour**, les **Ponts de Saint-Cloud et de Sèvres**.

Elle correspond en outre tous les jours, excepté les dimanches et fêtes, et moyennant un supplément de 15 c. :

1° Pont de l'Alma, avec les lignes ;	**A**	d'Auteuil et de Passy au Palais-Royal.
	AD	du pont de l'Alma au Château d'Eau.
2° Place de la Concorde, avec les lignes ;	**A**	d'Auteuil et de Passy au Palais-Royal.
	AF	de la barrière de la Glacière à la place Laborde.
	AC	des Champs-Élysées à la Petite-Villette.

CORRESPONDANCES EXTÉRIEURES

BANLIEUES

PARC DE NEUILLY

—

Service d'heure en heure de 7 heures 1/2 du matin à minuit 15.

—

Cette nouvelle voiture relie le parc à la ligne des Ternes aux Filles-du-Calvaire.

—

Les départs ont lieu du Parc à toutes les demies; des Ternes, à toutes les heures.

—

Prix des places : 10 c.

Paris. — Imprimerie VALLÉE et Ce, 15, rue Breda.

CLEF DES OMNIBUS

Moyen bien simple de se diriger sur un point quelconque, en partant de l'endroit où l'on se trouve :

Vous êtes, par exemple, rue Laffitte, et vous voulez aller PLACE DE L'ODÉON : vous cherchez rue Laffitte et vous trouvez OMNIBUS H ; vous cherchez ensuite Odéon, et vous trouvez AF, H. Vous savez alors que l'omnibus H vous y conduit directement.

AUTRE EXEMPLE.— Vous vous trouvez au PANTHÉON et vous voulez aller aux Ternes : vous cherchez dans le livret PANTHÉON, et vous trouvez lignes AF, J ; vous cherchez ensuite TERNES, et vous trouvez omnibus D. Vous savez donc que vous ne pouvez aller aux Ternes directement ; cherchez alors dans les correspondances si vous voyez la ligne D ; vous trouvez correspondance rue Royale-Saint-Honoré, 15, avec D. Prenez alors la ligne AF, demandez la correspondance au conducteur, et descendez rue Royale, 15.

Pour les rues qui ne sont que traversées par les omnibus, ou qui touchent à leur passage, cherchez comme pour les rues parcourues.

www.ingramcontent.com/pod-product-compliance
Ingram Content Group UK Ltd.
Pitfield, Milton Keynes, MK11 3LW, UK
UKHW021146230726
13926UKWH00002B/950

9 782016 111918